U0226730

Crinkleroot's

森林爷爷自然课

动物追踪指南

[美] 吉姆·阿诺斯基 著/绘
洪宇 译

人民东方出版传媒
People's Oriental Publishing & Media
東方出版社
The Oriental Press

献给我的父亲和母亲

克林克洛特

克林克洛特出生在森林里，靠吃蜂蜜长大。

他会说一百多种动植物的语言，还能跟毛毛虫、蝾螈和乌龟对话。

他对所有野生动物都了如指掌，包括住在你家附近的那些动物！

克林克洛特住在森林深处，他最喜欢的食物是爆米花。

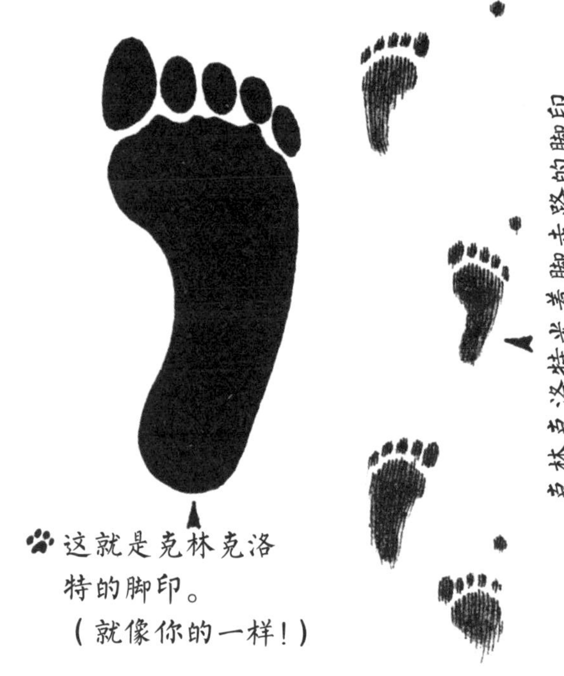

这就是克林克洛特的脚印。
（就像你的一样！）

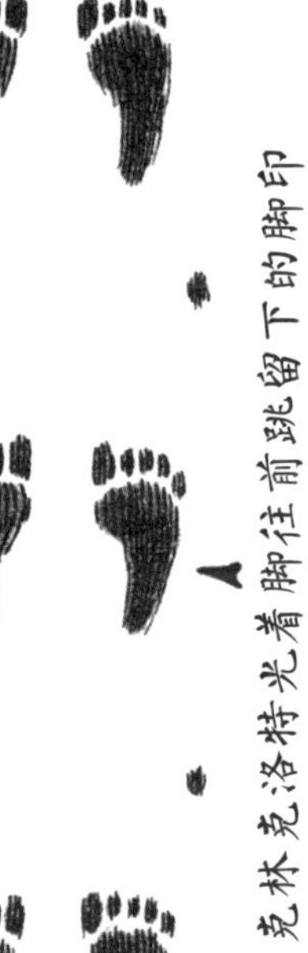

在这本书里，我们将追踪并认识以下动物：

你好！你已经跟着这串大大的足迹找到了我。

我就是森林爷爷克林克洛特，那些足迹就是我留下的。

我能听到一只狐狸在森林里徘徊的声音，能在山坡上发现一个鼹鼠洞。就连大白天，我也能发现猫头鹰的踪影。

当我在森林里穿行时，我会留下一些踪迹，表明我曾到过这个地方——比如脚印。动物留下的各种踪迹同样可以说明它们去过哪里，做过什么事情。

我家附近生活着很多动物，我可以告诉你我是怎样发现它们的踪迹的。这样，你就可以找到你家附近的动物踪迹了。不过，要注意安全。记住，最适合寻找动物踪迹的地方是水边。

溪流、池塘和公园喷泉附近，甚至潮湿的草地都能吸引动物。在那里，它们找水喝，也会寻觅食物。

这个池塘是河狸建造的。你能发现河狸的踪迹吗？

河狸有锋利的牙齿，能啃倒一棵大树！倒下的树和啃下的树枝就是河狸留下的明显踪迹。

河狸用树干、树枝和泥土在溪流上筑起水坝，形成一个小池塘。类似这样的水坝，就是河狸生活在池塘中的可靠证据。

如果河狸啃倒的树太重，无法拖到水里，它就会把树啃成几段，一段一段地拖。聪明的河狸把这些原木推到需要的地方。如果河狸运气好，树会刚好倒在池塘里。

河狸用原木和啃下来的树枝建造它们的巢穴。

河狸也吃它们啃倒的树木。秋天，河狸会啃下一些细树枝，储存在池塘的底部。

冬天，池塘的水结冰后，这些树枝就成了它们的食物。

让我们在池塘的浅滩里蹚着水走一走，找一找野生动物的踪迹吧。

河狸

- 河狸与麝（shè）鼠、田鼠、松鼠同属于啮齿目动物。
- 河狸生活在有水的地方，在那里筑水坝、啃食树木和灌木。
- 河狸的身体可以长得很大，体重可达30千克。
- 河狸的近亲麝鼠也住在溪流或沼泽里，可能就在你家附近哟！

这是有蹼的脚印，但不是河狸的，它们是水獭留下的。

水獭

- 水獭属于鼬科，水貂和獾也是。（还有黄鼠狼！）
- 水獭可以长到约9千克或更重。
- 如果你家住得离河边不远，可能有一只水獭就住在附近！
- 如果你家住在森林附近，可以找一找水獭的那些鼬科亲戚们。

水獭在水里比在陆地上待的时间更长，鼬科动物中只有它和海獭是这样。

水獭生命中大部分时光是在安静的水下世界度过的。

水獭能打败鳟鱼！在这张图片里，你能看清水獭抓鱼的过程吗？

水獭是无忧无虑的动物。它们喜欢从池塘边泥泞的斜坡上滑下去，哧溜一下冲进水里，而且可以这样玩上好几个小时。这一点，跟爱玩滑梯的小朋友是不是有点儿像？

这些脚印看起来像是小小的人类手掌印和脚印。其实，它们是浣熊留下的踪迹。

浣熊会吃任何它们能够抓住或找到的食物，甚至去翻垃圾桶。它们还会到水里寻找淡水螯虾、青蛙、蜗牛和淡水蚌。

像许多野生动物一样，浣熊通常是在夜间活动的。这意味着它们到了晚上比白天更活跃。

浣熊

偷袭玉米地

浣熊全身毛色一般为灰棕色混杂，脸上有黑色眼斑，就像戴着一副小丑面具，尾巴上有黑白相间的环纹。

大多数浣熊的体重在4.5千克到7千克之间。

浣熊的叫声多种多样——咕哝、嗷呜、嘶嘶，有时还像是在咯咯笑。

浣熊的牙齿和狗的牙齿一样大，但要锋利得多。

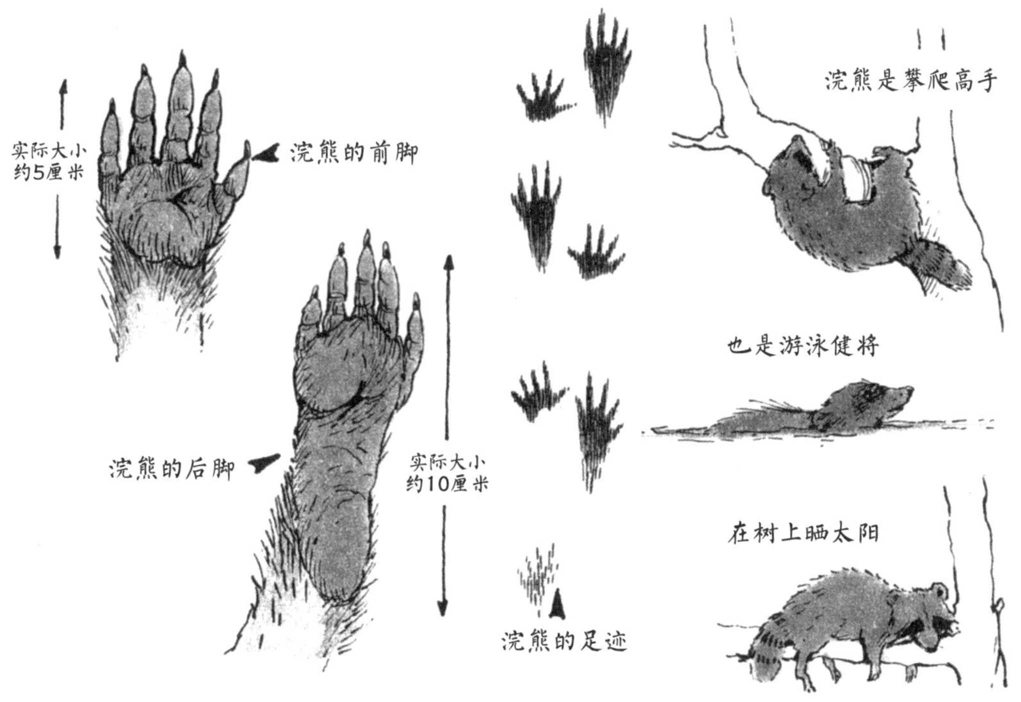

一天晚上，我看到一只浣熊在池塘浅水区的岩石下翻翻找找，大概有只淡水螯虾藏在那里。

在月光下，那只浣熊看起来就像一个经验丰富的小偷。

泥里有很多浣熊的足迹。

追踪它们，你就能发现大浣熊在捉什么、在吃什么。你知道那里到底有几只小浣熊吗？

丛林是寻找野生动物踪迹的好去处。许多害羞的动物住在这里。它们躲在树荫中，吃嫩枝、花蕾、果实和种子。

鹿在丛林里四处游荡，寻找食物和水源。

在被践踏的树叶和泥土上，可以找到鹿蹄的心形印迹。

白尾鹿

白尾鹿尾巴下面的毛是白色的，这是它们名字的由来。当白尾鹿受到惊吓时，它们会竖起白色的尾巴并晃动，来警告同类。

白尾鹿与麋鹿、驼鹿、驯鹿、骡鹿都是鹿科动物。

白尾鹿不喜欢树大林密的森林，它们偏爱长着幼树与树苗的丛林和开阔的田野，喜欢吃树枝、橡子和青草。

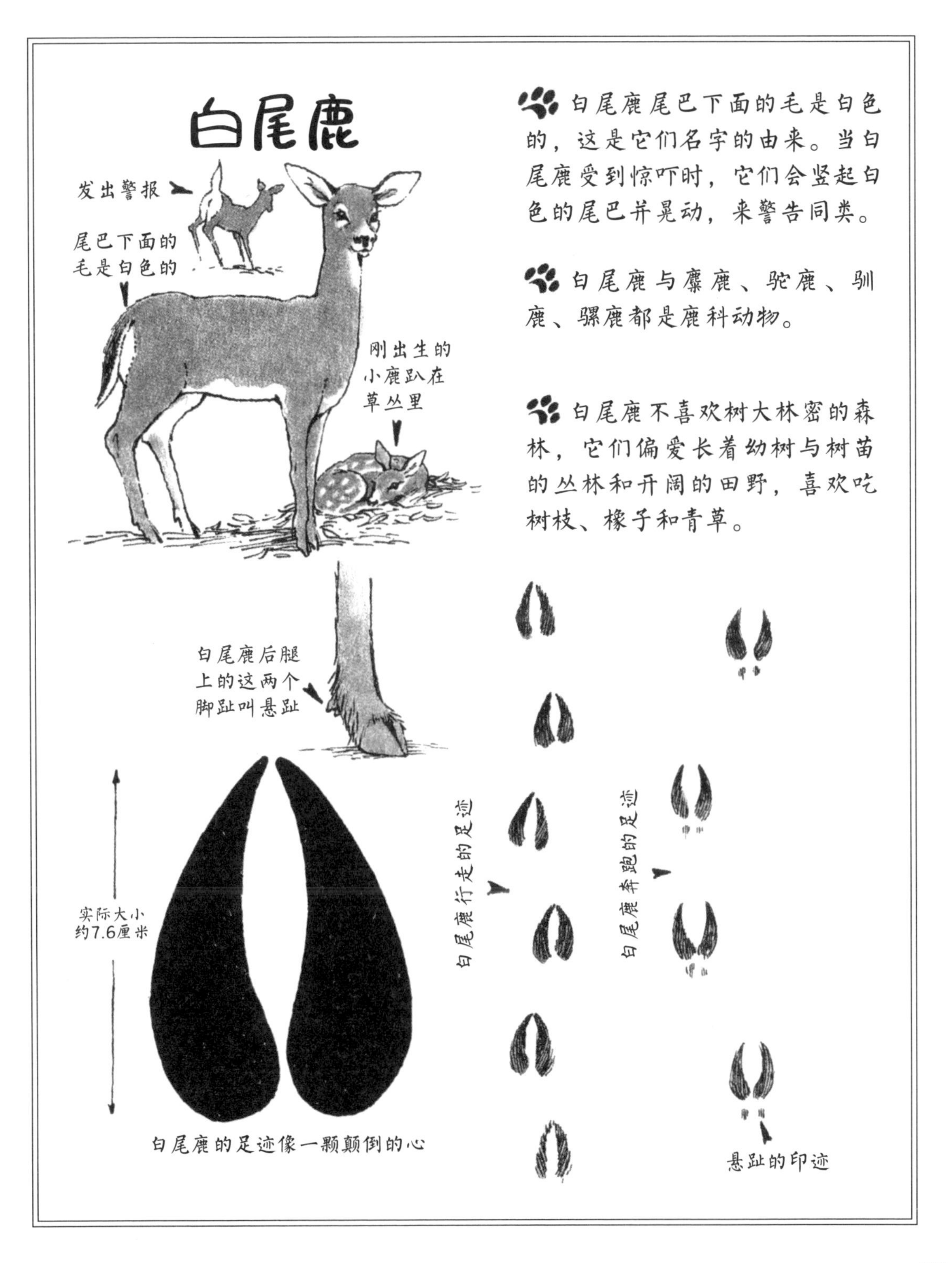

白尾鹿的足迹像一颗颠倒的心

每年春天，雄鹿的头上会长出鹿角。鹿角上覆盖着一层柔软的绒皮。绒皮里充满了血管，使鹿角生长得很快。

秋天，当雄鹿的鹿角长成后，绒皮就开始变干并剥落。雄鹿用鹿角蹭小树或灌木的树皮，把绒皮刮下来。这会在树木上留下一些擦痕。

这些擦痕是追踪雄鹿的重要线索哟。

雄鹿之间会互相争斗，获胜者就会赢得与雌鹿交配的机会。

在冬天，交配季节结束后，鹿角会脱落。每只雄鹿的头上都留有两个小小的光滑的疤痕，第二年春天，鹿角又会从那里长出来。

脱落的鹿角会被老鼠、松鼠或其他饥饿的小动物啃食。在这片冬日的树林里，藏着一只雄鹿脱落的鹿角。你能找到它们吗？

有时，鹿角一次只掉一个，这样你就无法同时找到一对鹿角了。

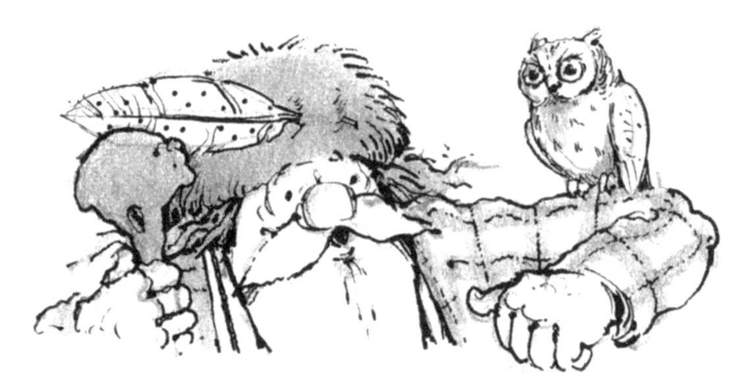

猫头鹰在夜间捕猎，但我喜欢在白天寻找猫头鹰。你也可以，跟我来吧。

猫头鹰吃老鼠的时候，会把它从头到尾整个吞下去。

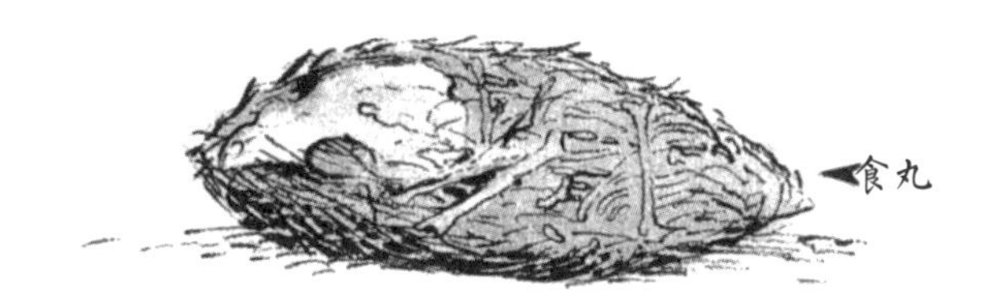

除了老鼠的骨头和毛，猫头鹰的胃会把整只老鼠的其他部位都消化掉。骨头和毛会形成一个球，猫头鹰会把这个球吐到地上。

这些由骨头和毛构成的小球叫食丸。它们大多出现在猫头鹰栖息的树木周围。你可以在你家附近的树林里找一找。如果你能发现一些，就抬头搜寻一下在树上睡觉的猫头鹰。我就是这样在白天找到猫头鹰的。

这棵树下有一些食丸。你找到那只猫头鹰了吗？

河狸的池塘在冬天看起来很不一样。河面结冰了，上面覆盖着一层积雪。当地上有积雪时，很容易分辨出哪些动物曾经出没过。水獭沿着雪白的河岸滑到厚厚的冰上。鹿的足迹出现在池塘周围，它们在那里吃被雪覆盖的灌木细枝。

河狸的巢穴十分安全，而且很暖和。它们只有在取食的时候才会离开，在冰面下游动。那些食物就是它们在秋天储存在池塘底部的树枝。

白靴兔在结冰的池塘上奔跑。它们四处寻找树皮和树枝吃，大大的后脚留下明显的足迹。

白雪皑皑的大地上，白靴兔会踩出一条条通往取食区的通道。

白靴兔

- 白靴兔是兔子家族的成员。
- 白靴兔重约2.3千克。
- 它们生活在浓密的灌木丛和树林中。
- 它们夏天吃牧草和杂草，冬天吃树皮和树枝。

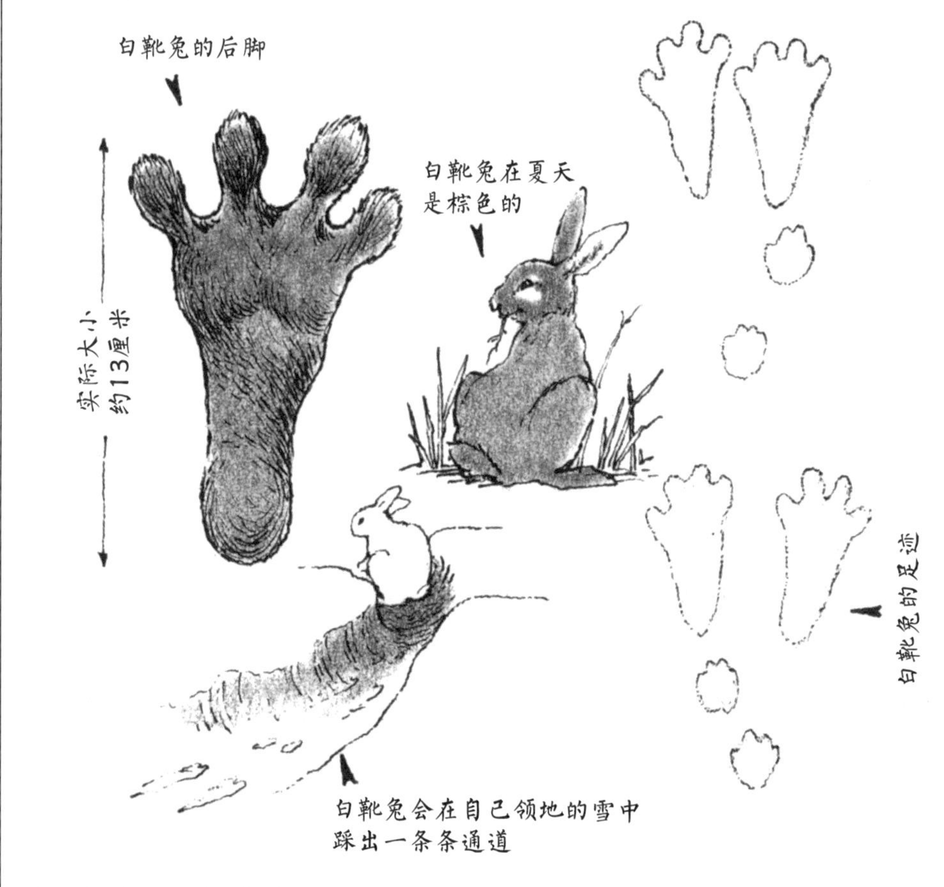

白靴兔也被称为变色兔，因为它们的颜色能随着季节的变化而变化。夏天，白靴兔的毛会变成棕色，与大森林的棕色和绿色融在一起。冬天，它们的毛变成雪白色，让人很难发现它们。它们可以在雪地里一动不动地隐藏起来，以躲避天敌。

你能在下面这张图片里找到 6 只白靴兔吗？

这是猎食兔子的动物留下的两条足迹：一条是狐狸的，一条是短尾猫的。你能猜出这两条足迹分别是哪种捕食者留下的吗？

短尾猫喜欢在岩石密布的山地的洞穴里安家。它们的领地范围很大。有时，它们会到离家很远的地方去寻找食物。

短尾猫是家猫的野生亲戚。所有的猫，包括短尾猫，都能缩回爪子，也就是把爪子向后收拢，直到需要用它们攀爬、搏斗或捕猎的时候才伸出来。猫在行走或奔跑时不使用爪子，所以爪印很少出现在猫的足迹里。

没有爪印的足迹是短尾猫出没的可靠标记。

短尾猫

短尾猫的尾巴很短。

短尾猫可以长到家猫的两倍大。

短尾猫与狮子、老虎、美洲狮和家猫属于同一个动物家族。

短尾猫喜欢捕食小型动物，包括兔子和鸟。

请仔细观察下面的两条足迹。现在，你能分辨出哪条是狐狸的，哪条是短尾猫的吗？

你说得对！没有爪印的那条是短尾猫的。

像短尾猫一样，狐狸住在洞穴中，这个洞穴可能距离它捕猎的地方很远。

狐狸和狗都属于犬科。它们的足迹很像。但是，当狐狸走路的时候，它会把一只脚落在另一只脚的正前方，留下的足迹比狗窄得多。

赤狐
赤狐的毛一般是棕灰色或棕红色，尾巴尖端是白色的。
赤狐会在田野或树林边缘挖掘洞穴居住。
在冬天，赤狐有时会睡在一大片空旷地区的中央。
赤狐的叫声听起来很像小狗的叫声。
实际大小
约6厘米
狐狸的足迹跟狗的很像
田野中的赤狐洞穴
犬科动物的足迹里有爪印
狐狸行走留下的足迹像一条虚线
狐狸奔跑留下的足迹

快来被冰雪覆盖的池塘上追踪动物的足迹吧！你能追踪到狐狸的吗？短尾猫去哪儿了？一只猎兔犬正好也路过了这里，别把它们的足迹弄混了！

一只饥饿的狐狸在池塘的冰面上徘徊，它发现了松鸡留下的足迹。

松鸡喜欢生活在河狸池塘周围的灌木丛里。夏天，它们能找到很多树叶和昆虫吃。冬天，它们可以在雪地上轻松行走，吃细枝和冬芽。松鸡爱飞也爱走路。它们在雪中留下的足迹通常都很容易被发现。

冬天，松鸡有时会在松软的积雪里挖一个足够大的洞，待在里面。这样更保暖，因为积雪隔离了外面的冷空气。所以，雪地上的洞是另一个寻找松鸡的好标志。

在一场暴风雪中，我头朝下跳进了一个雪堆，以为可以在那里度过一个既安全又温暖的夜晚。但是，那个雪堆原来是一块被雪覆盖的大石头！结果，我的脑门儿上撞出了一个红红的大包！让我的心里稍稍平衡的是，松鸡偶尔也会犯同样的错误。

有些鸟一步一步地走，例如乌鸦；有些鸟蹦蹦跳跳地走，例如冠蓝鸦和麻雀。

你能分辨出这几条足迹分别是哪种鸟留下的吗？第44—45页的动物足迹图谱可以帮助到你。

乌鸦
麻雀

动物足迹图谱

大狗

小狗或狐狸

花栗鼠

北美臭鼬

鼬

家猫

北美浣熊

麝鼠

棉尾兔

大老鼠

小老鼠

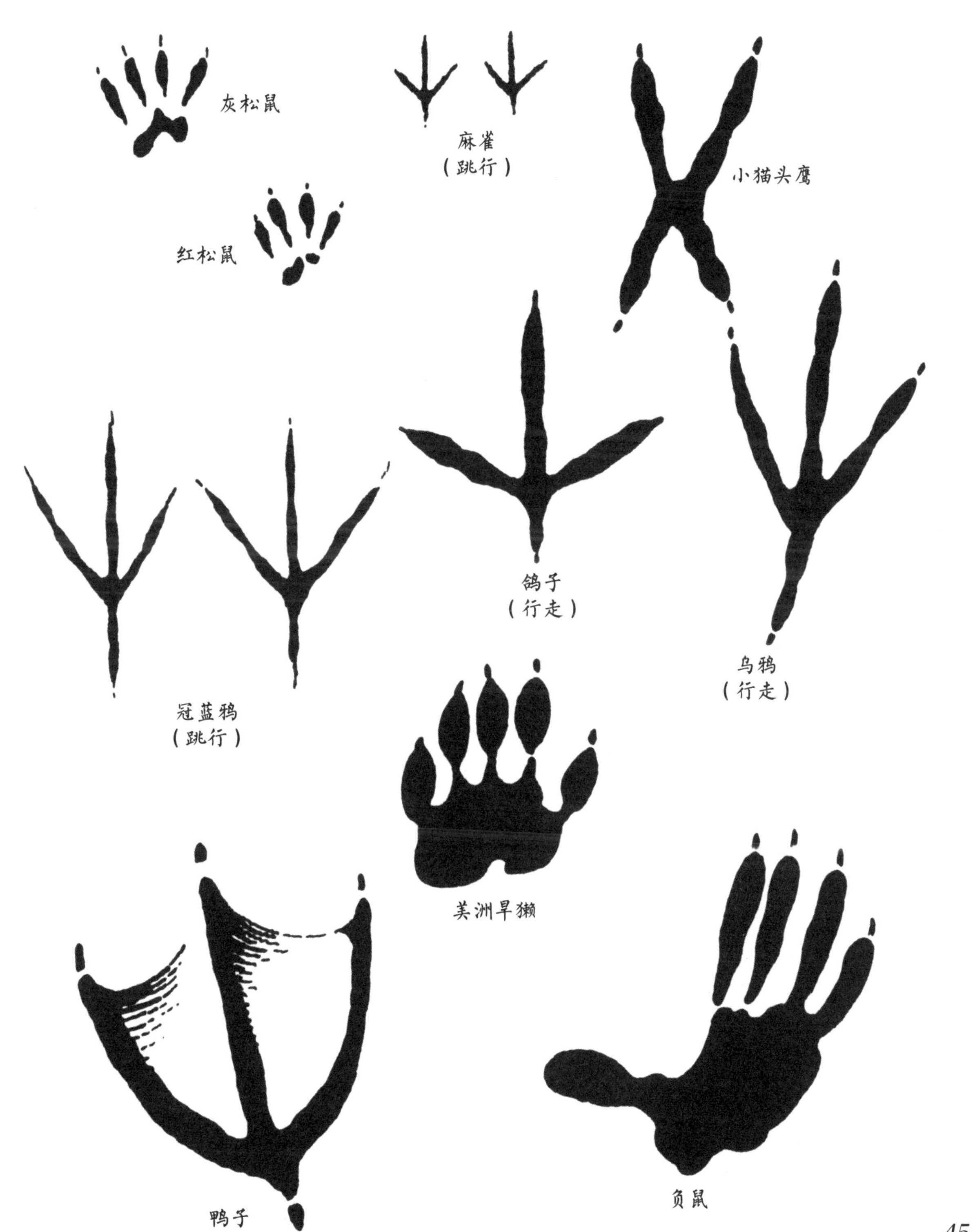
灰松鼠
麻雀
（跳行）
小猫头鹰
红松鼠
鸽子
（行走）
乌鸦
（行走）
冠蓝鸦
（跳行）
美洲旱獭
鸭子
负鼠

我在森林里见过很多踪迹，甚至在熊的背上追踪过跳蚤，但我好像认不出这条足迹。为什么呢？因为它们一定是你的！哈哈！

无论你住在哪里，附近总会生活着一些动物。去公园、林地、小路、树下、溪流和池塘周围以及雪地中寻找动物的踪迹吧！我不能保证你能找到跳蚤的踪迹，但相信你会发现一些有趣的东西。

如果你在夜里听到奇怪的声音,别害怕,安心睡觉吧。因为，那可能只是一只狐狸在花园里觅食。

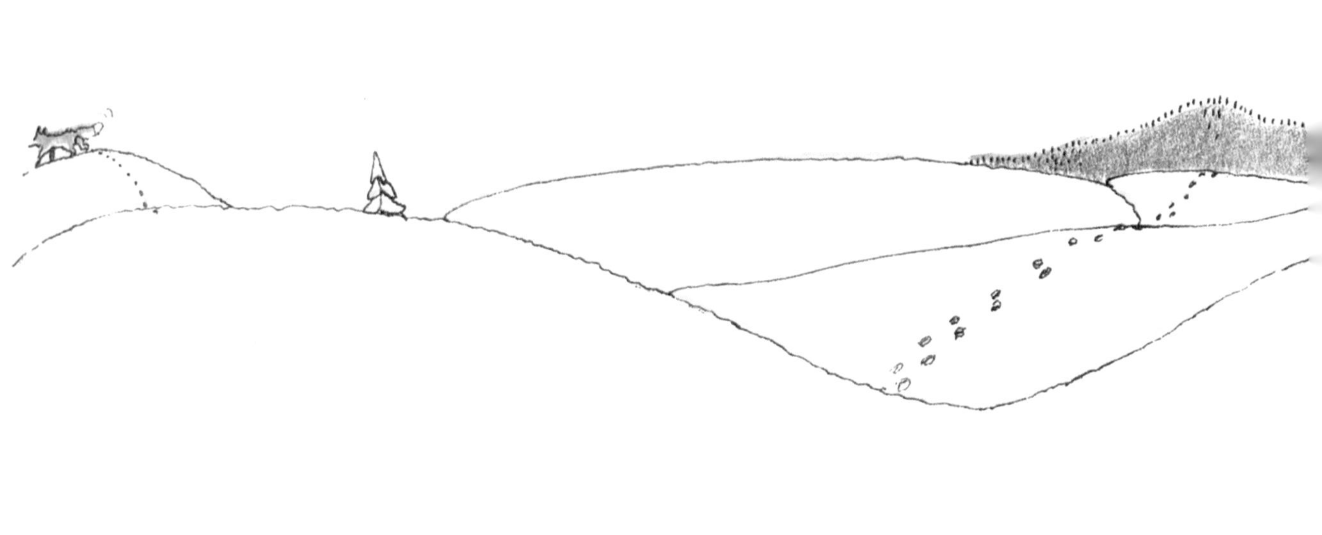

图书在版编目（CIP）数据

森林爷爷自然课．动物追踪指南 /（美）吉姆·阿诺斯基著绘；洪宇译
．—北京：东方出版社，2021.11
ISBN 978-7-5207-2093-9

Ⅰ．①森… Ⅱ．①吉… ②洪… Ⅲ．①自然科学－儿童读物②动物－儿童读物
Ⅳ．① N49 ② Q95-49

中国版本图书馆 CIP 数据核字（2021）第 041763 号

CRINKLEROOT'S BOOK OF ANIMAL TRACKING BY JIM ARNOSKY

著作权合同登记号：图字：01-2021-0149

森林爷爷自然课（全 12 册）
（SENLIN YEYE ZIRAN KE）

著　　绘：[美] 吉姆·阿诺斯基
译　　者：洪　宇
策 划 人：张　旭
责任编辑：丁胜杰
产品经理：丁胜杰
出　　版：东方出版社
发　　行：人民东方出版传媒有限公司
地　　址：北京市西城区北三环中路 6 号
邮　　编：100120
印　　刷：鸿博昊天科技有限公司
版　　次：2021 年 11 月第 1 版
印　　次：2021 年 11 月第 1 次印刷
印　　数：1—10000 册
开　　本：650 毫米 ×1000 毫米　1/12
印　　张：44
字　　数：420 千字
书　　号：ISBN 978-7-5207-2093-9
定　　价：238.00 元
发行电话：（010）85924663　85924644　85924641